CUERPOS DE AGUA

ESTANQUES

Un libro de Las Raíces de Crabtree

DOUGLAS BENDER
Traducción de Pablo de la Vega

CRABTREE
Publishing Company
www.crabtreebooks.com

Apoyos de la escuela a los hogares para cuidadores y maestros

Este libro ayuda a los niños en su desarrollo al permitirles practicar la lectura. Abajo están algunas preguntas guía para ayudar al lector a fortalecer sus habilidades de comprensión. En rojo hay algunas opciones de respuesta.

Antes de leer:

- ¿De qué pienso que trata este libro?
    - *Pienso que este libro es sobre los estanques y cómo se ven.*
    - *Pienso que este libro es sobre el agua y los estanques.*
- ¿Qué quiero aprender sobre este tema?
    - *Quiero aprender cómo nacen los estanques.*
    - *Quiero aprender qué animales viven en los estanques.*

Durante la lectura:

- Me pregunto por qué...
    - *Me pregunto por qué crecen plantas en los estanques.*
    - *Me pregunto por qué los estanques son cuerpos de agua pequeños.*
- ¿Qué he aprendido hasta ahora?
    - *Aprendí que en los estanques pueden vivir peces.*
    - *Aprendí que los estanques obtienen su agua de la lluvia.*

Después de leer:

- ¿Qué detalles aprendí de este tema?
    - *Aprendí que los estanques se pueden congelar en el invierno.*
    - *Aprendí que dentro y alrededor de los estanques pueden crecer muchos tipos de plantas.*
- Lee el libro una vez más y busca las palabras del vocabulario.
    - *Veo la palabra **patinar** en la página 8 y la palabra **peces** en la página 10. Las demás palabras del vocabulario están en la página 14.*

Este es un **estanque**.

La mayoría de los estanques son pequeños.

Muchos estanques
se forman con
agua de lluvia.

Puedes **patinar** en algunos estanques.

En algunos estanques hay **peces**.

¡Todos los estanques tienen **plantas**!

Lista de palabras

Palabras de uso común

agua
algunos
con
de
en
es
este
hay
la
lluvia
los
puedes
se
son
tienen
un

Palabras para conocer

estanque

patinar

peces

plantas

34 palabras

Este es un **estanque**.

La mayoría de los estanques son pequeños.

Muchos estanques se forman con agua de lluvia.

Puedes **patinar** en algunos estanques.

En algunos estanques hay **peces**.

¡Todos los estanques tienen **plantas**!

CRABTREE Publishing Company

CUERPOS DE AGUA
ESTANQUES

Written by: Douglas Bender
Designed by: Rhea Wallace
Series Development: James Earley
Proofreader: Janine Deschenes
Educational Consultant:
Marie Lemke M.Ed.
Translation to Spanish:
Pablo de la Vega
Spanish-language layout and
proofread: Base Tres
Print and production coordinator:
Katherine Berti

Photographs:
Shutterstock: Poko: cover; Sensorman: p. 1; Kauram: p. 3, 14; Zhukovoleg: p. 5; Raimo Lielbriedis: p. 6; Igor Kovalchuk: p. 9, 14; Zhukova Vanetyna: p. 10-11, 14; Rostislav Stefanek: p. 13, 14

Library and Archives Canada Cataloguing in Publication
Title: Estanques / Douglas Bender ; traducción de Pablo de la Vega.
Other titles: Ponds. Spanish
Names: Bender, Douglas, 1992- author. | Vega, Pablo de la, translator.
Description: Series statement: Cuerpos de agua | Translation of: Ponds. | "Un libro de las raíces de Crabtree". | Text in Spanish.
Identifiers: Canadiana (print) 20210231068 |
Canadiana (ebook) 20210231076 |
ISBN 9781039614321 (hardcover) |
ISBN 9781039614383 (softcover) |
ISBN 9781039614444 (HTML) |
ISBN 9781039614505 (EPUB) |
ISBN 9781039614567 (read-along ebook)
Subjects: LCSH: Ponds—Juvenile literature.
Classification: LCC GB1803.8 .B4618 2022 | DDC j551.48/2—dc23

Library of Congress Cataloging-in-Publication Data
Names: Bender, Douglas, 1992- author. | Vega, Pablo de la, translator.
Title: Estanques / Douglas Bender ; [translated by] Pablo de la Vega.
Other titles: Ponds. Spanish
Description: New York, NY : Crabtree Publishing Company, [2022] | Series: Cuerpos de agua - un libro de las raíces de Crabtree | Includes index.
Identifiers: LCCN 2021024132 (print) |
LCCN 2021024133 (ebook) |
ISBN 9781039614321 (hardcover) |
ISBN 9781039614383 (paperback) |
ISBN 9781039614444 (ebook) |
ISBN 9781039614505 (epub) |
ISBN 9781039614567
Subjects: LCSH: Ponds--Juvenile literature.
Classification: LCC QH541.5.P63 B4418 2022 (print) |
LCC QH541.5.P63 (ebook) | DDC 577.63/6--dc23
LC record available at https://lccn.loc.gov/2021024132
LC ebook record available at https://lccn.loc.gov/2021024133

Crabtree Publishing Company
www.crabtreebooks.com 1-800-387-7650

Printed in the U.S.A./072021/CG20210514

Published in the United States
Crabtree Publishing
347 Fifth Avenue, Suite 1402-145
New York, NY, 10016

Published in Canada
Crabtree Publishing
616 Welland Ave.
St. Catharines, ON, L2M 5V6

Número de palabras: 34
NLG: B
Tema: Ciencias
Género: No ficción
Estándar: K–ESS3–3
Palabras del vocabulario:
estanque, patinar, peces, plantas

ESTANQUES

Este libro introduce a los primeros lectores a los estanques. ¡Un texto sencillo e imágenes vibrantes animan a los niños a seguir leyendo y a desarrollar su amor por la lectura!

Los libros de la serie ***Cuerpos de agua***:

Arroyos	*Estanques*	*Océanos*
Canales	*Lagos*	*Ríos*

Las Raíces de Crabtree

Estos libros contienen un texto simple acompañando a cada imagen para ayudar a los niños a entender mejor y aprender a leer con seguridad. Cada libro comienza con una lista de preguntas para ayudar a cuidadores y maestros a guiar a los jóvenes lectores.

CRABTREE
Publishing Company
www.crabtreebooks.com

Teacher's Guide
www.crabtreebooks.com/
resources/teachers-guides

US: $7.50 CA: $8.50
ISBN 978-1-0396-1438-3
50750
9 781039 614383